AS
AN
INSECT

我是虫

[日]熊田千佳慕 著

林少华 译

青岛出版社

紫云英的王国

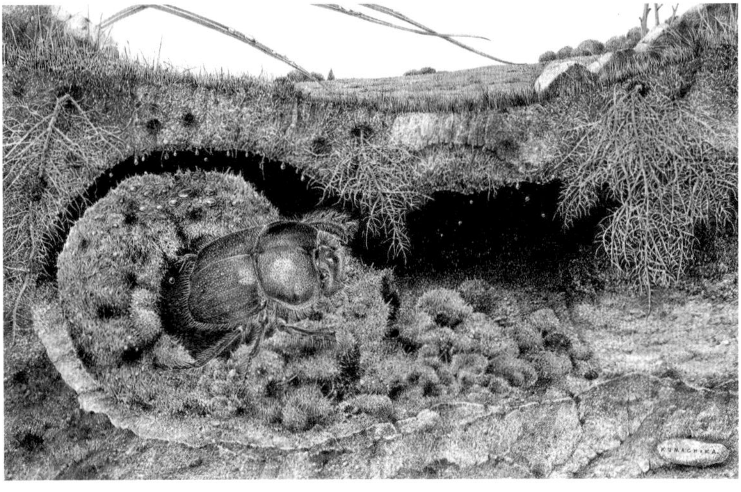

开始地上之旅

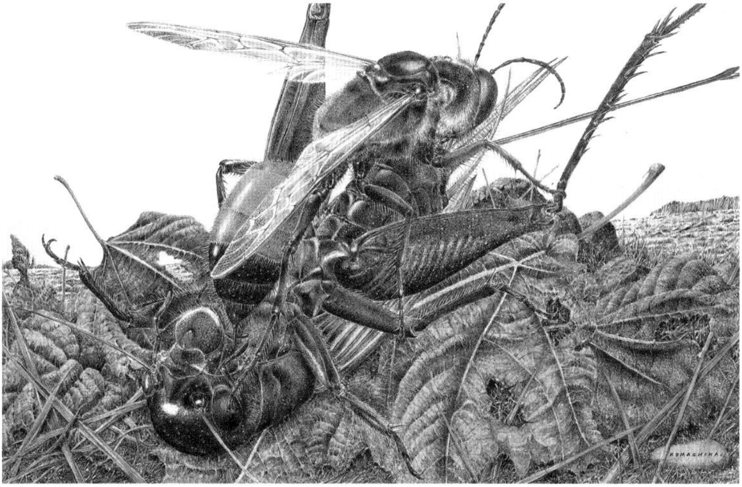

小猎人

天敌

森林餐厅

红屋顶下

花坞来客

恋爱小夜曲

玛亚的功劳

被吃掉的汉斯

白兔先生（《爱丽丝仙境漫游记》）

匹诺曹（《木偶奇遇记》）

熊田千佳慕

父亲时常对我说，
当乞丐也好，做国王也好，都不要忘了爱！

目录

自称“蛮荒之家”的住所，由农户的仓房改造而成，我在此生活了六十一年。

生活

随波逐流

对我来说，
小屋子里是个乐园，
往院子迈出一小步，
那里就是舞台。

心中充满快活的张力。

一如往常

宁静的清晨。
一如往常打开木板套窗，
一种得心应手时的惬意。
向院里的草木问一声早安，
幸福的时分。
然后一如往常拿起扫帚开始清扫，
力气上身。
今早又在活着，
感觉无比幸福。

有的垃圾怎么扫也不肯离去，
大概仍想留在我身旁。
就让它那样好了！
扫罢，
搬出桌椅，
于是一如往常成了工作的地方。
之后一如往常洗脸、刮须，
抹一把柠檬味刮须膏。
幸福的时刻。
一如往常喝一口松茸汁，
早晨的仪式至此结束。
一切一如往常。
无上的幸福想必就是这样。

如果趴下，小猫就喜欢和我玩（家门前的路上）

悠闲

特意留出休息日来娱乐——以为这才是『悠闲』，其实大错特错。
生活中有小小的悠闲。
拥有从身边东西中感觉出爱、感觉出美的时刻，
拥有对于生活丰富的感性，
那才是真正的悠闲。
眼下常被议论的学校、社会中的悠闲，
其实那仅仅是休息时间、游乐时间，
而没有精神因素相伴。
自古以来，日本人在生活中就有热爱花鸟风月的心境，就有丰富的感性。
那里才有真正的悠闲。
悠闲不应刻意为之，而是自然形成的。

忘记时间

忘记时间，
哪怕忘记一会儿也好。
例如在工作中遇到美好事物的时候，
但愿那是当下一期一会绝妙的连续。

有幸遇到爱的时候，
让那喜悦贮满整个身心好了。
不幸来临的时候，
把那喜悦一点点取出，
用来安慰自己好了。

玫瑰摇篮

照顾有精神障碍的少年

自己能否对那孩子有所帮助——这么想是错的。

重要的是，

能不能和那孩子相处，

成为孩子的朋友。

人最初用来表现自己的是『画』。
及至有了铅笔、蜡笔，
就要画左图那样的东西传达意思。
所以，
画是谁都能画的，绝不是特有技术。
那是表现具体心境的一种手段。

生活和活着不是一回事。

活着，

意味日复一日朝某个目标行进。

至于抱负等等，没有那种奢侈品。

只想五天里的事。
五天若能平安过去，再想下一个五天。
不想五天后的将来，
一天天好好度过。

八十六岁时，为了参展，必须在短时间内完成一幅作品，这时候没人把我作为老人对待

现在也是现役，
我没有老后。
说到底，
年龄那玩意儿是人制造的。
我最最讨厌数字（笑）。
一旦失去激情，就等于坐以待毙。
这么着，至死都没有老后。
说实话，这才叫幸福。
老后如何是说不得的。

退休与『老后』这个词儿

临近退休，一般人都要为『老后』这个词儿感到纠结。那种时候即已进入老后阶段。

如果拼命做一件事——什么事都可以——而不考虑结果，肯定能发现活着的意义。

年届七十也好，已至八十也好，都无所谓。

一生中最幸福的就是能体味如此美妙的一个时期。

较之一个劲儿考虑『老后』如何，莫如珍惜当下。

『老后』云云是奢侈的说法——那么说即意味有闲工夫。

总是忍饥挨饿的人，根本不知道什么『老后』。

『退休』来自公司经营性安排，不存在于人的一生中。

我全然没有想到，小时候父亲教的『知足』这个说法会如此深切地渗入自己的生活。

一旦抛弃世俗虚荣，彻底进入贫穷生活，以往无数冗余就会即刻出现在眼前，心情反而释然。

去掉多余的肉，固然身轻体健，但习惯起来到底非同儿戏。

在破房子里被地震和台风吓得哆哆嗦嗦，身穿满是补丁的破衣烂衫，每日粗茶淡饭。

尽管过着这样的生活，但要外出的时候，还是要把哥哥穿剩下的或妻子买的便宜西服穿在身上，

但觉英姿飒爽，一副横滨新潮的派头，彻底成了时尚绅士。这才称得上是贫穷美学吧！

路旁的春天

正面意义上的新潮心理，我可是想永远保持下去啊！

上街时，即使走在百无聊赖的地方，我也怀有轻度紧张感。到了这个年纪，大家都走得懒懒散散是吧？诚然非常羡慕，可我做不到啊！尽管没有人看着我（笑）。

开心时就笑啊笑啊，
幸福贮藏得越多越好。
忍耐固然不好受，但果实是甜的。

两年前的年初，我说不想五天以后的事。
如今再缩短一些，连想一天以后的事的空闲也没有了。
因此，如何跨越当天当日，每一瞬间都得较真儿。
但是，没准儿那就是我一向憧憬的虫的世界。
『我是虫，虫是我。』——七十岁时，『神』[1]这样教导我。
莫非我果真成为虫了？

1 本书中提到的『神』是作者别无语言时的表达，指的是支配物质世界的自然的伟力。

过往的事若不放下，就前进不得。
要像小河上漂流的树叶一样随波逐流。
想到是因他力而活着，就很开心。
我的一生好比顺着河水漂流的树叶——随波逐流，东碰西撞，有时被激流吞没，
有时在波浪间漂荡着，熠熠生辉。
大约很快就到大海。

我出生时，『神』赐的剧本或许就是《小河中的树叶漂流记》。

工作
通过手传达
的东西

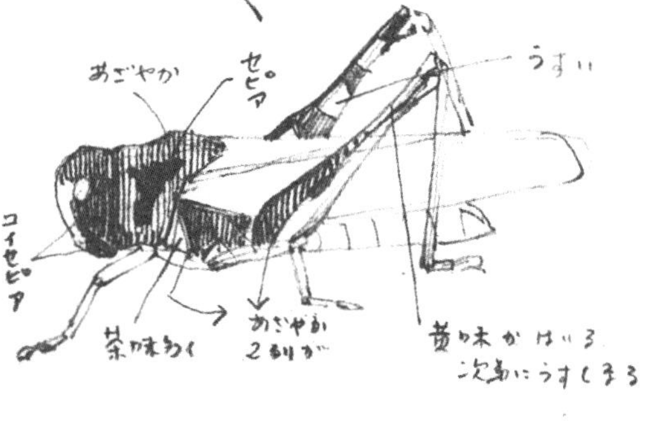

去（山名文夫先生的）成城府上一看，那里有很多绘画用品。

一向对先生言听计从的我，只那次没能听从。

『只要一支铅笔，一支铅笔！』我说。

『不要橡皮擦？』先生问。

『不要，一支铅笔足矣！』

一支铅笔，加上几张纸，只带这两样回来了。

到底有类似节点的东西啊！

正是那一瞬间，成了我作为画家的出发点。

回到家，我想画一张素描。

因为没有橡皮擦，连一条线也不敢随便画。

为难之际，或许是受『神』的启示，我得到一种画法：

仔细看东西，目不转睛地看个究竟，看好线条再下笔！

这『目不转睛地看个究竟』的过程，练就了我绘画最主要的基本功。

颜色怎么办呢？正当我发愁时，疏散地住所的檐廊下出来了落满灰尘的颜料。

太好太好了！是法国软管颜料！

用水化开，现出美丽的紫色，一时欣喜若狂。

用毛刷涂抹？荒唐，荒唐！

我像画铅笔画那样把一条条细线累积起来。

那时我明白了：画就是线！

当时的我连橡皮擦也没有，不能画草图。

随便画线也不可能。

颜料也只有一点点，不允许失手。
问题是，画的对象是动来动去的虫对吧？
若不观察到把它烙进眼睑那个程度，就画不出来。
把握形态，确认颜色，那才叫连虫的心脏都看到了！
自信已经把它真实的模样据为己有了，这才动笔。
用笔尖蘸起一点点颜料，一条又一条地画线。
在我失去一切的生死关头，我得到了正可谓起死回生的画法。
那时我才知道：只有化为零，才能有新芽萌生。

没同妻子商量就辞去公司平面造型设计师的工作，迈向绘本世界

贫穷们元年

好了，往后不再进公司，进入仅靠稿酬为生的作家生活。

好歹支撑起来的生计也岌岌可危，不折不扣的贫穷时代终于到来。

我把这一年命名为『贫穷们元年』。

之所以不叫『贫穷』而叫『贫穷们』，是因为贫穷不止一个，而是很多很多。

况且，加上『们』，颇有些像棒球队，让人觉得好玩。

说起贫穷，总给人以凄风苦雨的印象。而若仅仅这么说就能让生活多少变得光明起来，当然再好不过。

七十岁是我人生的『文艺复兴』，
那以前仿佛处于水深火热之中。
八九十岁时，分明是真正的青春。
不过一般说来，过了那个岁数，就离死亡不远了。
因此，有什么看漏了可不得了——我就再次细细观察院子里的事物。
结果，看到了花瓣和叶片上原来没看到的东西。
我的画随之变得细腻起来。

作画时我之所以不弄虚作假，不蒙混过关，
是因为作品要给小孩子们看。

工作之余翻阅杂志的轻松片刻（当年的同事土门拳氏摄影）

酒不喝，烟不吸。

十七八岁的时候，心想只有让身体强壮起来，将来才能为小孩子们做事，

因此决心烟酒不沾。

拼搏

『拼搏』这个词儿，适用于年轻人和从事动态工作（外向性）的人。

而对于从事内面性工作的人则不适用。

如果让一把老骨头拼搏，势必粉身碎骨。若让其『挺住』，又多少有些寂寞。

总之，凡事但求自然：自然而然地动，自然而然地想。让自己委身于自然的水流。

气

因为缺『气』，所以不断地鼓满『气』。这需要非同寻常的努力。久而久之，身体根本吃不消。

最理想的是能够随机应变地保持『气』。

人的生活，全是由『气』支撑的。

硬要鼓满『气』是不好的。要经常自然而然地养『气』。

养『气』的关键是平时要持续保有舒缓之『气』。

对于『艺』，『气』是最宝贵的能量。

八分步调　悠闲自适

从事『艺』——还有其他事——我总是以八分步调为基础。

以『艺』类工作而言，最好将步调和注意力保持在八分左右。

假如以十分步调干下去，我的力气想必早已耗尽。另一方面，若说八分步调未能全力以赴，那不然。

因为这是将十分力气发挥在八分步调之中。

剩下的二分步调化为『艺』的悠闲自适。

若以十分步调聚精会神地干，那么悠闲就失去了。无论『艺』还是体力，肯定都燃烧一空。

做到这种悠闲，乃是经年累月修炼的结果。

古来人们就说八分饱是健康之本，八分！

『艺』的悠闲

『艺』中的悠闲通于『艺』的游戏。

艰辛即快乐。这是『艺』的悠闲。

较之一帆风顺，还是举步维艰当中更有快乐。正因为心境悠闲，所以才能享受艰辛。

艰辛是『神』的爱护之鞭，只有心境悠闲，才会有幸获得。

而若以鞭为苦，那是因为心中（『艺』中）缺少悠闲，就无法达到享受艰辛的境地。

没有悠闲的『艺』索然无味。所有『艺』无不如此。

热爱小小的自然，怀有小小的悠闲，等待小小的幸福，这就是生活中的悠闲情致。

千佳慕的小小世界即充满小小悠闲（爱）的地方。

当今时代工具过多，我认为这反而不幸。
我不知道那种颜色是由什么颜色和什么颜色混合成的，只管画就是。
我的颜料箱里，没有黑白两色。

黑色是支配黑暗的『神』的颜色。
将各种各样的颜色混合起来就是黑色。
所以我不用黑色。
白色是什么呢？一段时间我曾有这个疑问。
虽然统称白色，但白色各有不同，究竟哪个是真正的白色？
下雪时积雪那一瞬间的颜色，我以为白色非它莫属。
定睛细看之后，却呈现各种各样的颜色——那是光！
光是『神』吧？所以我不用白色，留出纸的白来表现。
材料实在太多了，随时可以得到，但最后画面取决于人手。
不珍惜手的感触是不成的。
因为，人的意念是通过手传达的。

台词记住后就要忘掉

关于绘画，此语适用于以下过程：

有了构图、底图之后，在画正图之前把底图抹掉（仅能隐约看见关键部位）。

着色时，再细看一遍对象。

不受底图束缚而以新的心情动笔，其中还会有新的发现。

所谓绘画，便是这么回事。

若拘泥于底图，那就和涂画一样了，

无法表现自己的心。

玫瑰

并非求而得之，

只有以无心无意（仿佛让自己化为虚无）的状态与之面对面，

这时心眼才能开启——心与眼睛相连相通。

画花、画虫的时候，
我总是边同『神』对话边画。
为颜色和画法困惑时，
若以『无心』与之相对，
『神』必定告诉我答案。

因为画是这么画出来的，
所以不能交到别人手里。

同夫人杉子在院前。从院子打理到家务，夫人全部承担下来，以便让我专心工作

我的画是非常精细的画，完成一幅很花时间。如果以计件工资计算，款额应该少得可怜。

但是，能够分外看清东西的眼睛和用笔尖细细描绘的画法，是『神』赐予我的珍宝。

这样，无论如何都要受穷。这已是宿命。

对我来说，绘画就是持续走『神』赐的路。这也就是活着。钱财云云等而下之。

话虽这么说，但养家糊口是需要钱的。所以，实在是尽给妻子添麻烦了！

只是，妻子总对我说：『我们穷是穷，但心中完全没有黯淡的地方。这点至少是个安慰。』

受穷虽是宿命，但心是无比新潮的。往后也要这样活下去。

每当面对白色画纸时，我就变得神思恍惚，开始孤独地战斗，能否顺利完成，另当别论

道

只管画下去

没有企盼，
一有企盼就与算计发生关联。
我只管画，
只管画下去。

『艺』就是用十棵罂粟表现百棵罂粟。
花的素描，
自然临摹是不成的。
要把自己放进自然（花）里边，
与自然融为一体，
描绘自己。

蜘蛛结网

自然本身即艺术。

所以，只要彻底清空自己，进入『无心』状态就可以了，

就会有原原本本的东西（艺术）出现。

画野草时打坐。这样就能与之融为一体。那一来，有时对方就会告诉我这么画、这么画。

这个过程让我喜不自胜。

我不画影。因为我觉得，倘若画本身足够充实，看的人自会感觉出影。

真色　美色

『你的画的颜色，色还是色。』——年轻时先生对我说道。

色看起来仍是『色』的时候，不是真色。

只有自己的感觉融入自然之后才会看到真色。

自己的感性融入自然，凭感觉得出的才是真色。

你的画色很漂亮，但还是『色』。

意思是说不是美色。

要通过自己的心感觉自然之色，此即自我主张。

对于我这样的生物画家来说，谐调自然之色与自我之色是难上加难的事，简直焦头烂额！

梅花

梅花

樱花的香是感性的香。

花的香是花的生命之香。

我画花的终极目的是表现花的香，即表现花的生命。

实际上没有香的花，也能觉出香了。

那种香是花的生命。

画能从纸上觉出香那样的花，那就是我的工作。

求偶

『神』是别无语言时的表达，指的是支配物质世界的自然的伟力。

画起植物和昆虫来，就能产生这样的感觉。

尽管我连续画八十多年了，

但对于我，那是向『神』提交的报告：

地球这颗行星是这样的地方！

自己剩下的时间不长了，没有后续。

这么一想，即使看见虫们，也会涌起深切的情思。

心中激荡不已。

估计是它们在支撑我的体力、我的视力！

『神』或许这样说道：『画，加油画！』

自然

无心之美

再焦急春天也不来，就算忘了春天也来——自然极其自然。

什么事都不要急，要慢慢等待。

紫花地丁

自然中的『时』

这个春天，与其说是播种，

莫如说是沾在自己指尖的加拿大草原的沙土掉在旁边花盆种的黄花地丁中发出芽来，

在七月初的一个雨天开花了。

为什么不在天气好的日子开呢？原来这花有播种的时节，那一时节决定了开花的时间。

因此，那天即便下雨，开花时间来临也照样开。

这让我深深理解了『时』的重要。

在枝上产卵

虫们、花们既不后悔昨天，又不抱怨明日，只在当下这一瞬间尽兴地活着。
为了成就自己的一生而持续燃烧生命到最后。
觉察到这点，就连花叶枯萎后落归泥土的样子也让我觉得美。
自然因不知自己的美而美丽和优雅。
如果没有爱，就不会拥有那种美感。

草木展示自己美丽的颜色和姿态，不是为炫耀自己的美。
所以，首先是那种无心之美让我们为之动心。

花草树木不知晓自己的美，所以美。

花草树木不知晓自己的美，所以优雅。

红葡萄酒色畅想

爱

爱是感觉，不是语言。
爱是感觉，是无言。
美是感觉，不是语言。
美是感觉，不是理解。
美是感觉，是无言。
美是感性，不是智性。

升麻

我不使用『杂草』这个说法，
再小的花也有名字。
看什么都各有各的美。

走在平坦的人行道上，
发现一枚闪着金光的胸针，
莫非是春天女神失落的？
西洋蒲公英向我报春，
可它为什么长在大城市的混凝土缝隙间呢？
即使被心灵贫瘠的人踩来踩去，也泰然自若地活着。

美丽羽毛般的小伞，落在仅一厘米宽的沥青路面那仿佛深谷的裂缝里。

生根之前靠什么力量支撑呢？

不久，细根就要掘进坚硬的地面，钻在城市的角落。

那力比钻头发出的还强。

可是对于蒲公英，在这里获得生命也许是幸福的事。

蒲公英那可畏的生命力——一味求生，别无他顾。

凋落时的美

正在画郁金香花凋落时的美——从美的巅峰跌落的瞬间。
有形之物肯定崩毁，
因此，我一心捕捉崩毁瞬间的美。
但愿人崩毁时也会这么美，
别排除我。

凄寂的美色——凋落的山茶花

同树上山茶花的美相比，我觉得凋落的山茶花更美。

青苔上、石上、落叶上、泥土上……

都让我感觉各有其美。

花朵很快就要蒙上褐色，化作凄寂之色。

那个过程让人感觉美，

能不能换成我？

迎春

年复一年，
哪一年都没特别关注冬去春来。
但现在的我为迎来花开时节，有无可言喻的感动。

但愿明年花开时节，仍能这样相会——这么想着，为春天饯行。

说年轮，固然有语病，但天生的枯叶是不存在的。那是有历史的啊！

在成为枯叶之前，绿叶一点点衰老，最后回归泥土。

这么说也许做作，可老家伙也是有过青春的。

如此凝神仔细观察，发现褐色中透出淡淡的绿。

它是在燃烧最后的生命。

和我一样啊！这么一想，更觉得可爱了。

画花，不仅仅作为绘画题材画，
重要的是怀有画我们朋友的脸庞的那种心情。
不可以忘记本心，
花和我们是从同样的根（同根）中生出来的。
不要有『人为主，花为从』的观念，
而要珍惜这样的心境——花和我是同伴。

在晴空中飞翔的宝石

自然不是因为美而美，是因为爱而美。

虫们

弱小的生命

SUJI SENCHI KOGANE

geotrupes stercolarius. Er

直到展翅（一生）

大孔雀蛾

我们大孔雀蛾，
是从破的巴旦杏树根的褐色房间中生出来的。
按照『神』的教导，
吃着好吃的巴旦杏树叶长大。
人骂我们是害虫，把我们弄死，
可我们遵照『神』的教导，
只吃『神』规定的东西，
怎么就是坏蛋呢？
哪里是什么害虫……

屎壳郎和苜蓿、麝香草

假如世上没有粪虫，
地上岂不全是粪堆？

是『神』吩咐我们处理地上的粪堆，
可是人瞧不起我们，管我们叫『屎壳郎』！
还说我们脏，那么讨厌我们！
哪怕是在蜜蜂的话语中，在被蟋蟀那家伙贬得一文不值时，
我们仍是为我们活着，
那是幸福的生活。

人以『害虫』之名要把我们赶尽杀绝，
可『神』不就是把我们做成这种虫的吗？
出生时就告诉我们要吃茄子啦黄瓜啦，
所以吃个没完。
作为虫，不晓得那有什么不好。
人自私对吧？
一出生就被说成害虫，可怜啊可怜！

虫啊花啊，名字什么的是次要的，
最初碰见虫啊花啊，觉得它们那么可爱！那么好看！
要把这小小的感性好好培养起来。

心的眼，心的耳，心的嘴巴。

能够爱花虫之美的心的眼，
懂得花虫语言的心的耳，
能够和花虫搭话的心的嘴巴。

讲一个幼儿园的故事

我到处蹦蹦跳跳，
想摸一下飞到庭园紫藤花上的黄蜂的背，想碰一下它那黄天鹅绒般的毛。
园长老师似乎想说：『危险，别动！』
可终归一动不动地看着我。
在我终于摸到蜂背的那一瞬间，
夸奖我：『好啊，五郎（我本名叫五郎）！』
和我一起欢喜。

如今不曾摸过虫的孩子好像很多很多。
知道画上、电视上的虫，
不知道触摸过的虫，不知道小生命。
五郎触摸蜂背的时候，感觉怦然心动。
这就是小生命！

孩子满不在乎地把虫装在衣袋里走路。

拿出一看，死了！

『死了，可怜！』——这么想的时候，就懂了虫的生命。

可是近来母亲们讨厌虫，不让孩子们碰。

学校的老师也对虫投以冷眼，避而远之。

不好办啊！

昆虫标本 千叶标本

初三时，我打开盒子想整理以前的昆虫标本。一看，标本盒里一只虫也没有，全成了粉末，只有固定虫的大头针一根根立在那里。我大吃一惊，浑身僵直（像被钢丝捆住一般），痛感罪孽深重。还有，当我目睹重重叠叠的千叶标本变得干巴巴的时候，再次痛感罪孽深重。自那以后，我开始以现场观察昆虫为主，训练特殊的眼睛，也不再采集植物，一心通过现场观察来画素描。我不用照片。植物、昆虫学者另当别论，而其他与此相关的人，应该把采集和捕捉数量控制到最少。滥捕是最不好的。

我想，法布尔先生也是为记录而不得不制作昆虫标本的。

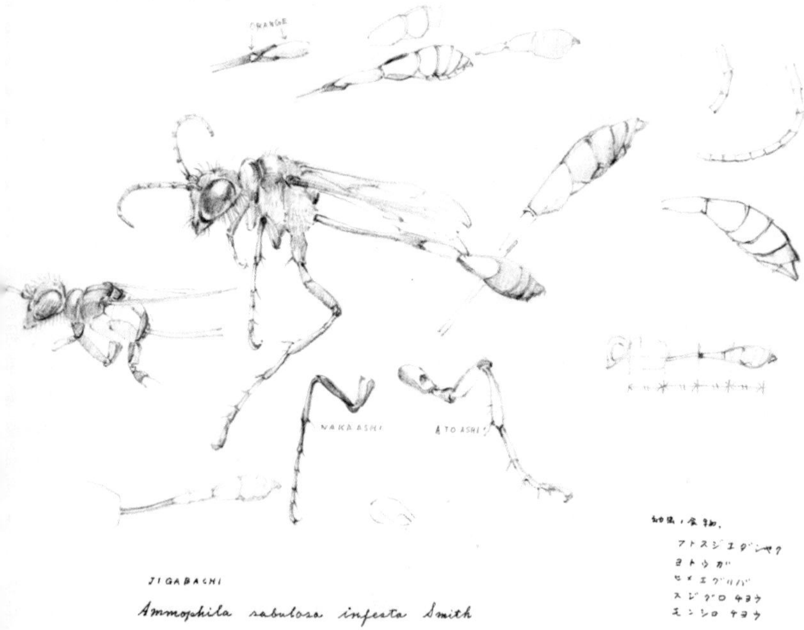
ORANGE
NAKAASHI
ATOASHI
JIGABACHI
Ammophila sabulosa infesta Smith
アトスジエダシャク
ヨトウガ
ヒメエグリバ
スジグロ チヨウ
モンシロ チヨウ

细腰蜂

大蜻蜓

在自家附近的公园。只要有心，即使不出远门，也能在身边的自然中遇到小生物

过去有军事训练那个东西，为此我们去了富山山麓，演习在逼近最后一道敌阵时如何匍匐射击。我讨厌做那种事，于是把子弹全部送人，自己只往前看。我看见从草丛中出来一只蟋蟀，这家伙有趣！于是就脸贴地面细看。看着看着，心想这就是虫的世界。同时想似乎是『神』这么告诉自己的——啊，要想画虫的世界，必须把视线跟它们放在同样的高度才行。即使从上面看是丝毫不足为奇的草丛，若躺下看也是了不起的天地。以此类推，下了雨，土路上就会有水洼，若躺下看，那简直就是大湖！是吧？好大好大像模像样的湖。

自那以后，我就一直沉浸在那个世界中。

眼睛的高度若不和虫一样，就看不见它们真正的姿态。

所以，我趴在地上。

这样就感觉：我是虫，虫是我。

人们总是做出唯我独尊的样子，但在虫看来，无非同是生物罢了！无论人、动物还是植物，根都是一个，都是地球上存在的生命（共生）。彼此之间，是要互相珍惜的同伴。

长兄精华，诗人，精通法语。以前他常把法布尔原著中的故事读给年幼的我听

我是虫，虫是我

如此悟得之后，由衷觉得自然是为我存在的，我是为自然存在的。同时感觉身边普普通通的自然比以往更宝贵了。

这样，我终于得以深刻理解自己做的事的意义，得以对以后要走的路怀有坚定的自信。

『到了七八十岁才能写出一行诗！』长兄精华时常用里尔克的这句话鼓励我。从没有哪句话让我觉得那么刻骨铭心。

夏夜

生命
因爱而
美丽

1988 年，在神奈川县立博物馆法布尔展中，头戴法布尔的帽子窥视法布尔用过的显微镜。

『不可思议』这个词儿

科学家马上追问：『为什么？』『怎么回事？』

画家首先心生感动：『不可思议啊！』

或许可以说这是画家和科学家的心的差别。

但是，法布尔先生既有画家般的眼睛、诗人般敏感的心，又是像哲学家一样思考的人，常常使用『不可思议』这个词儿。

我是虫，虫是我

那时我做了一个不可思议的梦。

梦中，『神』对我宣布：『汝乃自己画的虫。汝的画之所以得到称赞，是因为画的是自己。』

啊，原来如此！于是我意识到自己以前拼命画的虫，是借虫的形态画自己本身——以虫的心情不断画画的过程中，我就成了虫。

我的作品不时被人们评价『好像活的』，那大概是因为我在作品中画进了我本人的生命。

生命出生的根全都一样。

如今，甚至螳螂也已可爱得不得了。

我一边撒面包屑一边对它说：『一起熬过了一个寒冬啊！』

我想，任何生命，都是因为爱而美丽。

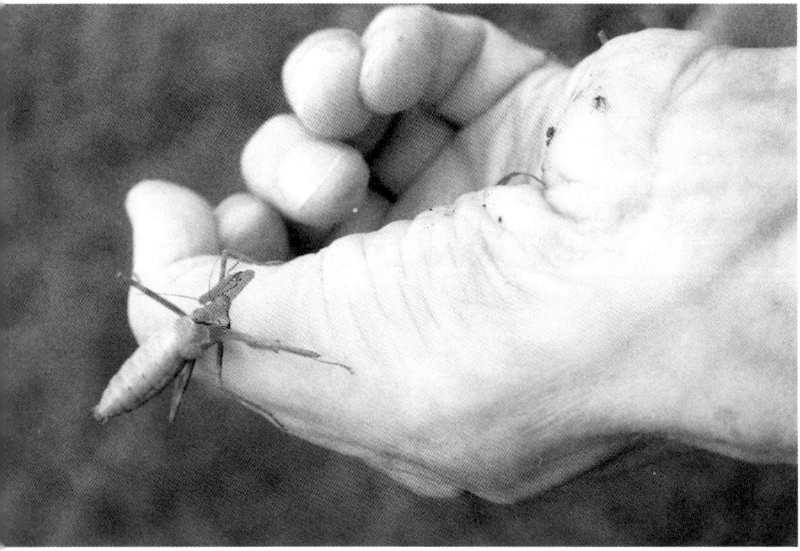

我在外面不画素描，把虫的模样烙在脑海里，回家马上画下来

人也和花、虫一样，同为生物，生命的重量也一样。

近来，我觉得自己好像忘了从身边的小事中感受爱的那颗心，伤心事多了起来。

是小生命们让我觉察到不知何时忘了感受爱的心。

如果人能这样提醒我，那个人该多么好啊！

于是，我怀着谦恭的心画个不停。

当小学老师

平成六年（一九九四年）二月十日，我在三泽小学四年级课堂当了一回老师。

学校要我在道德课上以『小生命』为题讲一节课。

左思右想，（我）准备了一篇讲稿。

我握住身旁学生的手：

『嗨，怦怦心跳吧？这就是生命！你好有精神啊！我是老头儿了，弱不禁风喽！能不能多少把你的精神分我点啊？』这么对一个个学生说着走向讲台。

『老师，好啊，好啊！』学生们当即一齐喊了起来。老师们也吃了一惊。

接下去早已成了比比画画的表演。我把讲稿什么的扔在一边，想讲什么就讲什么。学生们安静地听着。

事后一问，这个班全是调皮捣蛋分子，平时根本不听老师的话。想必是我的心情感染了学生。

从朋友打来的电话中听得这样几句话：

『我们——比方说——全都成了枯树，为留住一片叶子拼死拼活。可你怎么到现在还能开出花来呢？』

他们忘了过去的日子也曾开花。

我笑道：『枯木开花！』

人上了岁数，或成功的时候，
就想记住『什么必须是什么』。
可我至今仍稀里糊涂，得不出结论。

这才叫活着吧？

接下去会有怎样的跨栏呢？这可是个乐趣。

跨栏有时以不怀好意的高度出现。

虽然让我这老朽勉为其难，但那艰难也还是变成了乐趣。

较之能顺利跨越的障碍物，还是在艰难当中翻越的障碍物更能让我觉出活着的价值。

长寿也是『艺』

将自己的『艺』永不停顿地发挥下去，
让每一幅作品发出新芽，
让每一个新芽保持长久的生命。
这难道不就是真正的意义？

这个月我九十八岁了。

虽说住在人生的深秋地带，但心中常有春风吹来。

我知道，一边中和这个错位一边活下去，就是这个年龄段的活法。

有时也为自己无法行动自如感到焦躁。

但即使那时候，每当碰上美丽的事物，心也还是怦怦跳个不停。

莫非可以说，年龄越大，这『怦然心动』越难能可贵。

一旦沉浸其中，趴几个小时都不在话下。和对方（虫）处于同一视点，的确可以发现丰富多彩的世界

晚年——年过九十渡口

忘我地跟踪某个风景，
哪怕跟到天涯海角。
感觉像是走过头了啊！
回头一看，
自家房子都看不见了。
已经无处可归。
从今往后，
只能靠『神』的指引。

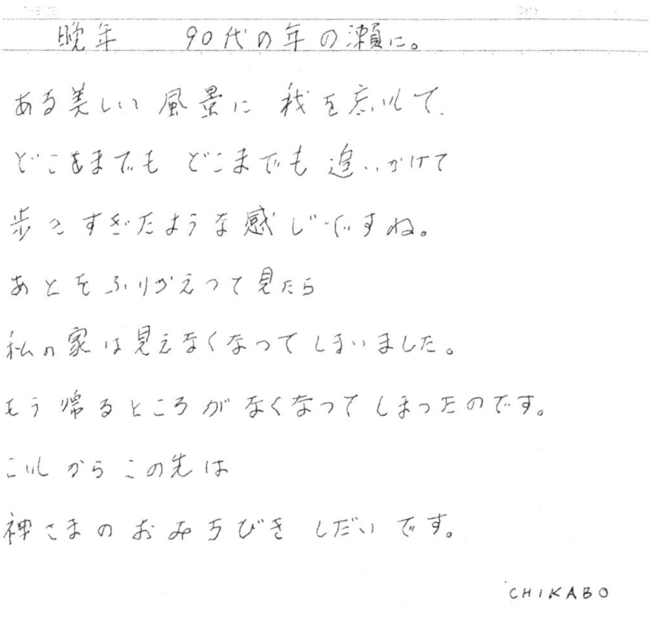
晩年　90代の年の瀬に。

ある美しい風景に我を忘れて
どこまでもどこまでも追いかけて
歩きすぎたような感じですね。
あとをふりかえって見たら
私の家は見えなくなってしまいました。
もう帰るところがなくなってしまったのです。
これからこの先は
神さまのおみちびきしだいです。

CHIKABO

手稿

迈向永恒的世界

我自小就喜欢虫，真心喜欢。上幼儿园时的诨名叫『昆虫博士』。正因为是这样的孩子，小学、初中一次又一次看的自然书是《法布尔昆虫记》和《西顿动物记》。而我最喜欢的书的插图是熊田先生画的，这种缘分让我感到欣喜。

我喜欢的虫里边有在地面挖洞的地蛛。地蛛用丝做成直径约一厘米、深四五厘米的筒状巢。我小心地拉出一看，网底有一只黄褐色的滑溜溜的可爱的地蛛。上小学时就找它找得入迷，但孩子们在游玩当中是不可能往土里看的。在熊田先生的作品中，可以通过剖面图细细看到平时想看也看不到的穴中情景。这点至今仍留在我的记忆里。

我的幼年、少年时代正值经济起飞的二十世纪七十年代，那时我住在神奈川县川崎一带，周围是京滨工业区，频频产生光化学烟雾，多摩川成了烂泥塘，实在是最糟糕的时候。尽管如此，我还是喜欢虫。能见到的顶多是球潮虫和蜻蜓之类的，这么着，一旦发现螳螂什么的，就是一场骚动。虽然我是在如此没有自然的镇上长大的，但说起娱乐，也还是捉虫，每日找虫的兴致不减。

外婆家在山梨县一个叫让原的地方。当时只有一条没有硬化的山路。那里完全是锹甲虫、独角仙、螳螂的宝库，每次去玩都像发疯似的忘我追虫。工业区到处因公害而萧条的自然环境同山中纯净而丰富多彩的自然环境之间的差别，我从小就感觉到了，进而产生一种危机感：下一代孩子们会不会经常玩不成捉虫游戏？这样，为了给孩子们和未来的人们留下自然，距今约十五年前——那时还没有『环保』一词——我开始了环保活动。

出于兴趣，我开始和孩子们一起做园艺。我们种花、种菜，杂草什么的也照样留下。结果，虫们自然而然就集中过来。熊田先生也说了，虫和植物是密切相关的。

熊田先生的语录中，有一个主题——『艺的悠闲』，对现在的我影响很大。如今我从事演艺业，作为工作的『艺』即『享受辛苦』。虽说无论演电视剧还是舞台剧都是这样，但演剧的角色创作有非常难以忍受的地方——首先是看剧本，装进脑袋化为自己的东西，而后是在现场如何表演，完全是同自己在搏斗。其中不存在适可而止那个东西，必须最大限度地自问自答。在现场，按导演的要求和搭档演员配合的过程中，很难预料会出现什么情况。这样，迫使自己具有悠闲的心境——或可称为『余裕』——就成了关键。

觉得工作实在忍无可忍，便是自己没有悠闲心境的时候，真想一逃了之啊！毕竟人都想快快乐乐地活下去。听之任之，势必转往快乐方向。但是，跨越它时的苦会成为自我欣赏时的乐。越苦，后面的乐越大。若敷衍了事或半途而废，完了自己一看，全然乐不起来。先生也说了，『没有悠闲的「艺」索然无味』。说得太对了！如果说『艺』指的是分配给自己的工作，那么，这对于工薪人员也是适用的吧。

关于另一种悠闲——生活中的悠闲，先生也说了，『爱小小的自然，以小小的悠闲心境等待小小的幸福，这就是生活中的悠闲』。特意留出休息日来游玩，其实大错特错。例如，播下种子，种子自会发芽开花；孵化虫卵，水虿就会变成蜻蜓……即使这种无所谓的小事，也能让人从中产生『发现自然十分了得』的瞬间的欣喜和幸福感，也能让人怀有感恩之心——先生说的可能就是这个意思。心中若没有悠闲，就很难觉察日常生活中自然的冲击力。年轻的时候我也没有余裕，买来的观赏的植物，最后也都枯萎了。但现在呢，早上起来就先给植物浇水。天冷了，就把它们搬进房间。也开始考虑往后养什么花，种什么菜了。天天照料植物诚然麻烦，可是如果能享受使之开花、采籽、明年春播这些过程，生活中就充满了乐趣。

有人说，檐廊和阳台上的观叶植物枯萎后仍留在那里的人家，主人大体上是不怎么幸福的或有某种烦心事。相反，绿叶、鲜花生机勃勃的住所，主人则是在构筑幸福和悠闲——无关乎有钱没钱——的家。想必一开始那户人家的主人对家中的植物也是精心照料来着，但工作一忙，在慌乱的生活中也就忘了。我也经历过，虽然这并不直接意味着不幸，但的确不应忘记在生活中的某个地方发现悠闲。

先生的画如实再现了虫的一举一动。虫飞起的瞬间，只有零点几秒，然而先生画的虫展翅前后的情景实在惟妙惟肖。而且，就连昆虫的腿脚、躯干上的毛都画得纤毫毕现，准确得竟如照片一般，令人惊叹不已。不仅如此，先生还说：『若你不想找虫，就找不见它们。人只有好好和它们相处，才能画出真正的昆虫世界。』观看他画的森林中聚集的昆虫的作品即可看出差异。一般画有独角仙的场景，就算把锹甲虫一起画进去，也大多不画蜜蜂、蝴蝶和飞蛾。实际进森林一看，较之锹甲虫，的确铜点花金龟和飞蛾更多。这是自然世界的本来面目。所以我特喜欢先生画的画。

感谢熊田先生，是先生让我通过画享受了昆虫世界。先生活到九十八岁，一般说来，算是寿享遐龄。

我现在特别想对他说：『熊田先生，您的作品将永远流传！我想您自己也理解画作的使命，所以才会不辞千辛万苦、不屈不挠地画到最后。』把虫们画得如此栩栩如生的画家基本没有第二人，不是用照片『抄』的，而是『画』到这个程度的作品，到底非比寻常，欣赏时十分开心惬意。因此，我想对熊田先生说：『留下这么多作品，实在辛苦了！但愿先生的世界永远留在人间。』

（布川敏和，演员）

一对鸽子

喜欢虫，像虫那样活着的熊田先生

二〇〇九年八月，『小法布尔·熊田千佳慕作品展』在银座松屋开幕的第二天，身体不适的熊田千佳慕先生，仿佛为画展顺利举办感到放心似的，以九十八岁高龄去世。我本来盼望在会场与先生相见，结果未能如愿。

我和先生交往的时间并不长，只是由于出版的事得到与之对谈的机会。记得我与先生一见如故，开怀畅谈，其乐融融。一起度过的时间虽然短暂，但有若干记忆铭刻在心，容我写在这里。

先生走上绘画之路，不提他同山名文夫先生的邂逅怕是无从谈起的。从在东京美术学校就读时开始，熊田先生就得到其诗人兄长的诗友、日本平面造型设计的拓荒者——山名先生的关爱。一九三四年，先生追随从资生堂转入日本工房的山名先生入职日本工房，成为活跃一时的设计师。山名先生后来返回资生堂，作为其弟子，熊田先生本以为可以跟去，不料山名先生叫他留在日本工房，先生一时大失所望。但那有可能出于山名先生作为师父保护弟子初心的责任感。向在战灾中失去一切的熊田先生伸出援手的也是山名先生。这本书中也提到了那个小插曲：山名先生为前来自己家里报告战后情况的熊田先生准备了很多绘画用品。熊田先生从中只拿了一支铅笔和几张纸，连橡皮擦都没拿，可见其自我要求之高。

通过不妨称为『资生堂设计之祖』的山名先生，我得以在意想不到的地方与熊田先生结识。事情过去五十多年了。当时我在商品策划部，初次负责的是一九六〇年上市的青少年化妆品。那是日本第一个面向年轻人策划的化妆品品牌。我向艺术总监、宣传部的中林诚氏提出设计要面向一二十岁的人。他说设计师有个合适人选，只管委托就是。最后设计出来的五种化妆品盒侧面是手绘的二十种花。过了很久我才知道，作者是熊田先生。记得化妆品的包装深受年轻女性好评，成了当时的划时代的商品。此外，由于山名先生的委托，熊田先生还为资生堂升级版『山茶花系列』产品的包装画了图案，也画了『佳美莉安』的香皂盒用的图案。

接触先生的原作，是一九八九年在神奈川县立博物馆举办的法布尔展的会场。但是，遗憾的是从小就对《法布尔昆虫记》如醉如痴——程度同先生不相上下——的我，当时完全被法布尔的亲笔信和帽子等展品吸引住了，先生的作品没有给我留下强烈的印象。此后在过了九年的一九九八年，由于《成功抗衰老对谈：和花说话，和虫游玩》一书的策划，承蒙熊田先生和我对谈。

六月的一天，我去先生位于横滨三泽的府上拜访。三泽也是有我小时候跟父亲去一位熟人经营的横滨花园看兰花等花草的记忆的地方。不料，曾经满目苍翠的街容彻底变了，高层公寓和一般住宅一直铺展到山丘上。其间，有一处由郁郁葱葱的绿植围拢的独门独院的房子，那就是先生的住宅兼工作间。

在面对阳光柔和的檐廊的工作间里，我们眼望排列着许多盆栽和树木的院子，开始对谈。先生面带微笑，说话妙趣横生。倾听的时间里，我很快意识到：先生固然面容和善、举止稳重，但性格中有十分坚强的东西。我感觉出他对工作和人生不可摇撼的信念和一种类似执着的情愫。正是由于具有这种强韧的精神能量，熊田先生才画出了那般令人叹为观止的精美绝伦的作品。先生为了拍摄，面对画板，在纸上点描那针孔般细小的点，其手的动作是那般轻柔。作品一点一点从在我眼前伫立的当时八十七岁的老先生手下产生出来——这点让我深深感动。先生清澈的眼睛据说在年过八十之后看东西更清晰了。不戴眼镜仍能画出那细腻画作的特殊的眼睛，经年累月地以虫的视角持续观察身边的自然。先生始终如一地热爱那小小的世界并描绘它们——这大约是先生独有的天赋才华。

二〇〇六年，目黑区美术馆举办『熊田千佳慕：花，虫，慢生活的光辉』画展，先生指名要我作为艺术对谈的对象。我当然满口答应并赶到美术馆。先生知道我养兰花，就拿来了自家养的盛开的兰花。对谈开始后，座无虚席的会场因花、虫的话题而气氛热烈起来，无尽的谈资使预定的时间大幅延长。至今我仍不时想起那得以畅所欲言的乐不可支的一天。对谈中，先生说他经常趴在院子里和空地上观察虫。于是我问雨天怎么办。他应道，雨天喜欢抓着木板套窗怔怔地眼望窗外。我说那岂不和蛾子一个样了！两人随即大笑。那时先生看世界的角度，分明是虫的角度。

后来，先生一本接一本地给我送来他出版的自传《千佳慕横滨新潮少年记》《千佳慕横滨新潮青年记》《千佳慕横滨新潮贫穷记》。先生的自传三部曲以轻松幽默的笔调，写了他由于体弱多病而只能在院子里以昆虫、花草为伴的幼年往事，写了盼望、守护他健康成长的父亲及父子之间的事，写了他在周围亲朋好友热情关爱下得以恢复健康和在横滨悠闲自适地生活的情景。在《千佳慕横滨新潮青年记》中，先生写了在战争中为保护患者而丢掉性命的至爱的父亲，写了他亲手拾父亲火葬遗骨时深重的悲伤和跨越悲伤活下来的坚强。这些都让我大为感动。先生那既波澜壮阔又困难重重的人生，是那般富有魅力。由于太精彩了，我在《产经新闻》上为二〇〇七年出版的《千佳慕横滨新潮青年记》写了书评。说实话，同一年我也出版了回想录《复线人生》，先生也在《故乡》杂志上写了书评。

这样，我意识到一桩不可思议的事：不知不觉之间我们相互荐书，估计截稿日期都赶在了一起。我同先生的首次相见不很久远。承蒙寄送设计图或通讯交流是有的，但见面次数并不多。可是，也许由于成长境遇相似，我觉得似乎有一种类似纽带的东西，把我们紧紧联在一起，让我们相互总是想到对方。

我想熊田先生是能够忠实于自己的想法的人。在人生中贯彻自己的主张是非常不容易的事。他虽然画了很多作品，但有人要，他一幅也都不卖。完成一幅作品需好几个月的时间，却全然不肯做兼职性的工作。在某种意义上，这种可谓『冥顽不化』的姿态使先生终生穷困潦倒。可是，先生反攻为守，作为一个心灵世界丰富的人，睿智地度过一生。当然，若无在身后支持他的夫人的奉献，这些也无从谈起。总之，先生从他始终未偏离的独一无二的自己专属的轨道走了过来。『从不考虑老后的事，自己没有老后。』终生奋战在绘画第一线的先生说道，『不然就活不下去。』我们则随着年龄的增长，很多时候被对老后的准备和对健康的担忧占据了脑袋。一旦迎来退休，就心想：已经苦干几十年了，该过过悠闲自适的生活了。然而先生一生没有休息，以自己的方式走完人生的旅程。先生的的确确是我们人生的楷模，值得我们学习的地方还有很多很多。

始终以一如既往的姿态工作不止，对被其人格吸引来的客人以诚相待……不觉之间，我竟觉得先生会永远和我们在一起，忘了迟早会有告别的一天。听得讣告才如梦初醒，眼前浮现出先生满是孩子气的面容。『名字叫千佳慕？』我这么一问，先生笑道：『熊田五郎太不怎么样了，竟取了这么一个名字，以期得到一千个佳人的仰慕。』我想起了当时先生的笑脸。

假如先生看到那人山人海的会场情景，想必欣喜不已。我对此委实遗憾之至。但熊田先生留下的『小小的世界』，今后也会不断拓展，在先生走过的崎岖而美丽的路的前方。

（福原义春，株式会社资生堂名誉会长）

简略年谱

一九一一年，熊田千佳慕作为医师之家第五子生于横滨市中区住吉町。熊田家为福岛县二本松藩御典医世家，父亲源太郎为留洋归来的新派耳鼻科医师。熊田千佳慕幼年体弱多病，经常在院落以昆虫花草为伴。同这『小小的世界』的邂逅，以及上小学时从父亲口中听得的『法布尔』的存在，成为他立志走儿童画家之路的原点。

一九二四年，熊田千佳慕入读神奈川县立工业学校图案专业。他在学设计的过程中倾心于超现实主义风格。由于崇拜前卫金属工作家高村丰周，熊田千佳慕一九二九年入读东京美术学校（现东京艺术大学）铸造专业。

一九三四年，熊田千佳慕就读于美术学校的同时，师从长兄精华的友人山名文夫，入职日本工房，与同事土门拳一起作为平面造型设计师为企业和面向欧美的画刊制作广告画、宣传册。一九三九年，熊田千佳慕因身体不适退出日本工房，在家静养一段时间后入职日本写真工艺社，在这里遇见了终身伴侣杉浦杉子。两人于一九四五年结婚，婚后仅八天即遭遇美军轰炸横滨，援助两人生活的父亲亦在轰炸造成的火灾中逝世。

在面对必须支撑生计的现实之际，熊田千佳慕却辞去作为设计师的固定工作，决意投身于少年时代就怀有亲切感的绘本世界。契机是山名先生送给他的一支铅笔、几张纸和从疏散地住所檐廊下发现的管状水彩颜料。没有橡皮擦，容不得失手。颜料也仅有一点点，只能往笔尖挤出些许用于绘画。这一作画方式形成了熊田千佳慕如点描一般一笔笔重叠绘制的独特技法，使不妨以惊异赞之的细密描绘成为可能。虽然画一幅画需大量的时间致使生活陷入贫困，但熊田千佳慕始终坚持自己的信念，作为绘本作家一步步积累实绩。

一九八一年，熊田千佳慕七十岁时，描绘《法布尔昆虫记》昆虫的作品入选意大利博洛尼亚国际绘本原画展，一时声名鹊起。一九八三年，再度参加该展的同类作品同样入选。一九八九年，堪称集大成的作品集《熊田千佳慕的小小世界》全七卷获小学馆绘画类作品奖。一九九一年，作品获横滨市文化奖。一九九六年，作品获神奈川县文化奖。

二〇〇九年，为纪念熊田千佳慕寿辰，在东京银座松屋举办了『小法布尔·熊田千佳慕作品展』。开幕翌日黎明时分，熊田千佳慕因误咽性肺炎在家中去世，享年九十八岁。

图书在版编目（C I P）数据

我是虫 /（日）熊田千佳慕著；林少华译 .-- 青岛：青岛出版社，2020.12
ISBN 978-7-5552-5026-5

Ⅰ．①我… Ⅱ．①熊…②林… Ⅲ．①昆虫－普及读物
Ⅳ．① Q96-49

中国版本图书馆 CIP 数据核字（2017）第 108446 号

书　　名　我是虫
著　　者　[日]熊田千佳慕
译　　者　林少华
出版发行　青岛出版社
社　　址　青岛市海尔路 182 号（266061）
本社网址　http://www.qdpub.com
邮购电话　0532-68068091
策划编辑　申　尧
责任编辑　刘伟学
助理编辑　张伸宇
装帧设计　乔　峰
印　　刷　北京图文天地制版印刷有限公司
出版日期　2020 年 12 月第 1 版　2020 年 12 月第 1 次印刷
开　　本　32 开（889mm × 1194mm）
印　　张　5.25
字　　数　85 千
书　　号　ISBN 978-7-5552-5026-5
定　　价　48.00 元

编校印装质量、盗版监督服务电话 4006532017　0532-68068638